Wanda oye las

estrellas

Una astrónoma ciega escucha al universo

Amy S. Hansen *con* **Wanda Díaz Merced**

Ilustrado por **Rocío Arreola Mendoza**

Traducido por **Gabriela Carrión**

ini **Charlesbridge**

¡Mira arriba!

¿Puedes ver las estrellas bailar en el cielo?

Para Wanda Díaz Merced, las estrellas estaban escondidas. Su familia vivía en Gurabo, un pueblo pequeño en el bosque tropical de Puerto Rico.

Los coquíes llamaban.

¡KO-KI KO-KI!

Los pájaros bobos reían.

¡Ke ke ke!

Los grillos cantaban.

¡Cri cri!

Los animales vivían en los árboles, y esos mismos árboles bloqueaban el cielo.

Una mañana temprana cuando Wanda tenía nueve años, ella fue con su familia a pescar. Mirando arriba vio cientos —*millones*— de estrellas.

Palpitaban. Brillaban. Y la asombraron.

Una lluvia de meteoros apareció en el cielo. ¡Los colores! Las estrellas fugaces se apagaban como chispas de bengalas.

Wanda sintió algo estallar y brillar dentro de ella.

Su padre vio los meteoros. —Esas estrellas son piedras que caen del cielo —le dijo.

Wanda aún tenía preguntas. —¿De qué están hechas las estrellas? ¿Qué están haciendo en el cielo?

Su familia no tenía respuestas. Wanda contempló con asombro.

Asombrarse significaba trabajo. Ella buscaba información en libros y trataba de entender. Sin embargo, no hacía preguntas en la escuela.

La escuela era como las inyecciones dolorosas que Wanda necesitaba para manejar su diabetes, una enfermedad que tenía desde pequeña. La escuela no era divertida.

A veces Wanda y su mejor amiga faltaban a clase.
Pero cuando sus padres las descubrían, ellas
regresaban a la escuela.

Eventualmente, Wanda encontró retos que le gustaban en la escuela. Incluso, participó y ganó el segundo lugar en una feria científica local solo para demostrar que sí podía.

Cuando ya estaba en la escuela secundaria, Wanda sabía
que quería ir a la universidad. No había mucho dinero,
pero sus padres le dijeron que si ella trabajaba
fuertemente, podría estudiar lo que quisiera.

Wanda quería entender el universo.

Durante dos años estudió física y apuntó a las estrellas.

En el tercer año, su vida cambió. Wanda notó que no podía leer la escritura en la pizarra del salón. Lo manejó pidiendo prestadas las notas de sus amigos.

Cuando comenzó a perderse en los pasillos, caminaba con sus amigos.

Pero entonces Wanda no podía ver para abrir la puerta de su apartamento.

De hecho, no podía ver casi nada.
La diabetes le estaba quitando la vista.
Wanda estaba quedándose ciega.

Su compañera de cuarto, Lucy, la ayudaba con la puerta y le comentaba sobre entrenarse para vivir independientemente. Wanda la ignoró. No quería admitir que necesitaba ayuda.

Pero, Lucy insistió.
Al fin, Wanda aceptó.

Ella aprendió a caminar con un bastón blanco y a contar sus pasos para así no perderse. Ahora podía moverse por el recinto. La vida se estaba poniendo más fácil.

Sin embargo, las estrellas se estaban apagando también. ¿Cómo podía estudiar lo que no podía ver?

Va a ser difícil, susurraba su mente. *No hay manera de que puedas ejercer la física.*

No, Wanda le respondía, *¡No voy a cambiar mi curso!*

Pero no sabía cómo continuar.

Luego, su amigo Emilio le pidió que examinara su proyecto.
Él prendió la radio. La radio hizo un crujido.

Wanda pensó que solo era estática: el sonido que se oye
cuando no hay una estación de radio cerca.

Emilio le dijo que no, los sonidos eran las ondas de radio cósmicas desde el espacio.

shshshshshshshsh

Wanda no estaba impresionada.

—Espera —dijo Emilio.

Y entonces... ¡Cambió!

shshsh SHSHSHSHSH

Para Wanda, fue como una ola gigante que rompía en la playa. Podía escuchar cómo el sonido se transformaba.

—Eso es una erupción solar —dijo Emilio. ¡La radio estaba captando una explosión en el sol!

—¡Qué fascinante! —dijo Wanda. En ese momento, escuchó un camino hacia el cielo.

Ahora que Wanda sabía cómo llegar ahí, voló. Ella fue aceptada en un internado en el Centro de Vuelo Espacial Goddard de la Administración Nacional de la Aeronáutica y del Espacio (NASA, por sus siglas en inglés) en Maryland, lejos de Puerto Rico.

—¡Estaba aterrada! —dijo después. Pero, con la ayuda de una guía, aprendió a desenvolverse en el lugar.

Contando los pasos, caminó desde la parada del autobús hasta su oficina. Allí, ella usó sonificación para escuchar lo que otras personas observaban.

Tum-tum-tumooooTUM

Una computadora convertía los datos en sonidos como golpes de tambor y campanillas. Wanda escuchaba los patrones en los sonidos. ¡Finalmente estaba estudiando las estrellas!

Aun así, se preocupaba. ¿Podría hacer tanto como los otros científicos?

Para averiguarlo, Wanda decidió hacer la prueba ella misma.

Ella escuchó los datos de una estrella que explotaba y escribió lo que pensó que estaba pasando. Otro científico miró las gráficas y tablas de los mismos datos. Luego, él escribió sus conclusiones.

Los resultados fueron los mismos.

—¡Victoria! —gritó. ¡La sonificación funcionó! Y hasta había oído algo nuevo: oscilaciones, o pequeñas ondas, en la energía proveniente de la estrella. Nadie las había notado antes.

—Hay tanto que puedo oír en el latido de una estrella —dijo Wanda, al explicar su trabajo a otros. Usar el sonido no significaba que ella tenía menos información. Solo significaba que ella tenía que trabajar de manera diferente.

Wanda siguió estudiando y terminó su doctorado. Hoy, ella comparte su trabajo con colegas científicos, gente con discapacidades y cualquiera que la escuche. Las personas acuden en masa a sus charlas.

—¡La ciencia es para todos! —dice ella.
Y luego invita a su audiencia a
un recorrido galáctico en audio.

Primero, ella toca una nota de la Tierra.

KO-KI KO-KI

Su audiencia se ríe.
El coquí les suena familiar.

La próxima parada es una gigantesca estrella moribunda, una supernova.

Las campanillas chocan en la escala.

Pin-din-pin-din

—Este es el sonido de una cantidad inimaginablemente enorme de plasma que explota de la estrella —dice Wanda—. ¡Un estallido de energía tectónica!

Los astrónomos ya sabían de las erupciones. Pero, oculto en el sonido, había un secreto.

Wanda disminuye los tonos.

puuudah puuudah puuudah

La audiencia oye las ondas de energía causadas por esos estallidos de plasma.

Wanda y otros científicos escucharon las ondas de energía. Encontraron que la energía de una estrella moribunda desencadena el nacimiento de estrellas nuevas —el mayor acto de reciclaje del universo—.

Este era el secreto oculto en el latido de la estrella.

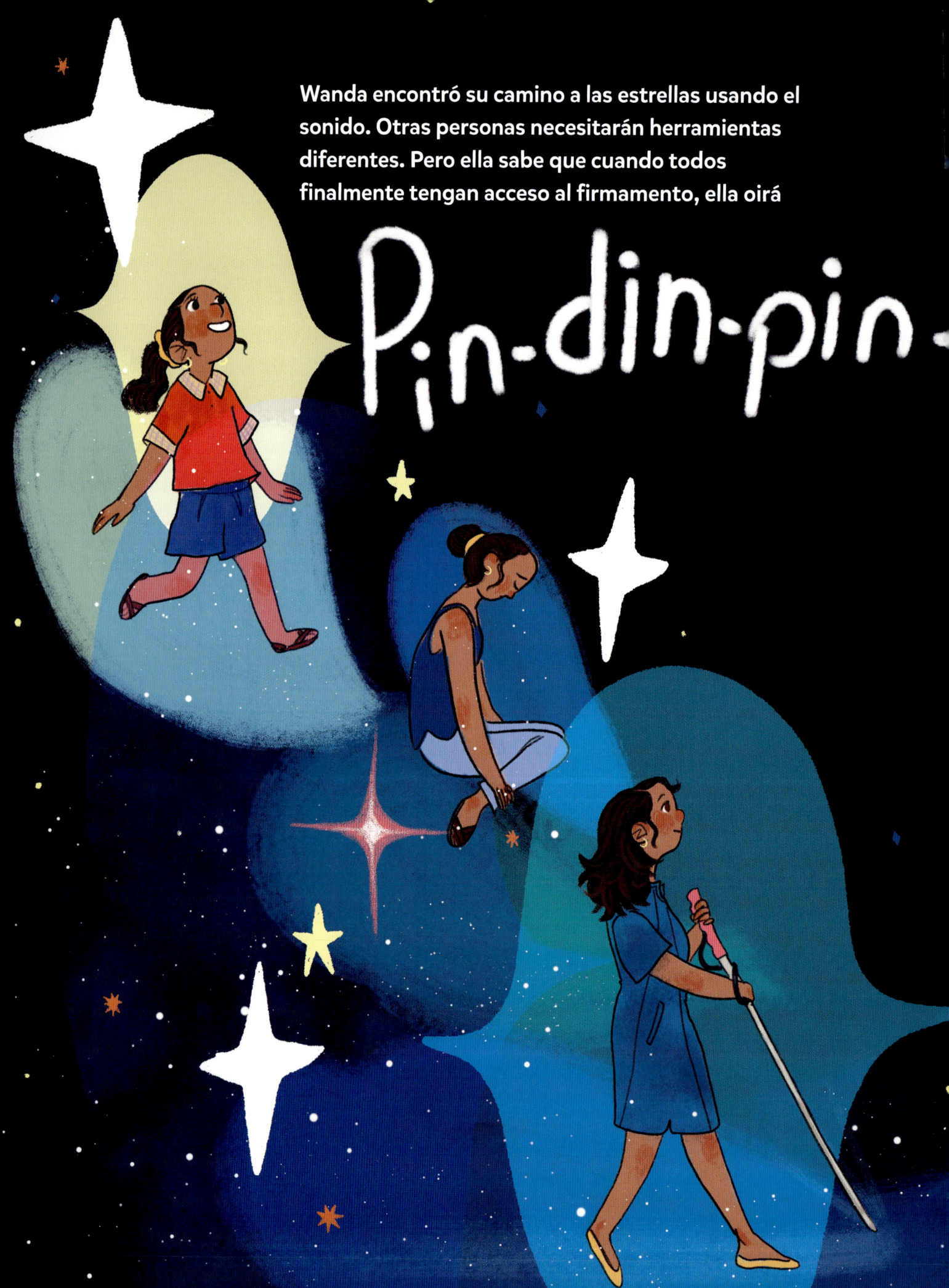

Wanda encontró su camino a las estrellas usando el sonido. Otras personas necesitarán herramientas diferentes. Pero ella sabe que cuando todos finalmente tengan acceso al firmamento, ella oirá

Pin-din-pin-

din-pin-din

una explosión más fuerte que la de una supernova. Y, esta vez, ella dice que la explosión será un «estallido tectónico de conocimiento».

¡Mira arriba!
¡Las estrellas les pertenecen a todos!

Glosario

braille: Un sistema de lectura y escritura que usa seis puntos en relieve. El lector usa sus dedos para leer las palabras.

diabetes: La diabetes tipo 1, la cual Wanda desarrolló de pequeña, es una enfermedad autoinmune que ataca el páncreas de manera que el cuerpo no produce la insulina que necesita. Las personas con diabetes tipo 1 se administran inyecciones de insulina.

meteoro: Una roca del espacio que se precipita en la atmósfera de la Tierra y se quema en el proceso. A un meteoro a veces se le llama «estrella fugaz» porque brilla intensamente mientras se quema. Pero, en realidad, no es una estrella.

ondas de radio: Un tipo de energía de luz invisible. Las ondas de radio son emitidas por muchas cosas en el espacio, incluyendo estrellas, agujeros negros y planetas. Estas ondas de radio pueden ser captadas a través de receptores de radio en la Tierra.

pizarra y punzón: La pizarra y el punzón son para un lector de braille lo que un lapiz o bolígrafo es para un lector de letra de imprenta. La persona ciega o con dificultades visuales usa un punzón puntiagudo para crear puntos levantados en el papel. La pizarra ayuda a posicionar los puntos correctamente.

plasma: Uno de los cuatros estados de la materia: sólido, líquido, gas y plasma. Las estrellas crean plasma al calentar el gas a temperaturas extremadamente altas.

sonificación: La presentación de datos a través del sonido.

supernova: Una estrella moribunda que está en el proceso de explotar. Las estrellas de neutrones son estrellas gigantes que se convierten en supernovas cuando explotan.

tectónico: Enorme o que cambia la tierra.

Una nota de Wanda

Al crecer en la hermosa isla de Puerto Rico, experimenté muchos atardeceres. Para las personas videntes, un atardecer hace parecer que el sol se está hundiendo en el agua. Para mí, toda esa grandeza visual se apagó con el tiempo. Hoy percibo el mundo de una manera muy, muy distinta.

Estaba estudiando ciencias al principio de mis veinte cuando la pérdida de mi vista se aceleró dramáticamente. Eventualmente perdí la vista por completo.

Tuve muchos mentores buenos. Ellos me dijeron: «¡No te rindas!». Pero a veces tu mente puede ser tu peor obstáculo. Me decía: *Si hay personas inteligentes que no lo han hecho, es porque es imposible*. Luché y le dije a mi mente: *No, lo voy a hacer*.

Eventualmente aprendí que ser ciega no significa que me tengo que perder el espectáculo del atardecer o parar de hacer ciencia. ¡No, el espectáculo y la ciencia son mejores! ¡Ahora oigo cosas que los científicos no pueden ver! Hago esto usando datos recopilados de los telescopios en la Tierra y en el espacio. Los telescopios miden diferentes tipos de luz. Los físicos convierten las medidas en números. A menudo esos números se convierten en imágenes y gráficas. Para mí, los números se convierten en sonido.

Ese es el proceso de sonificación, y es como oigo las estrellas. ¡Escuchar esas medidas es como sumergirme en el corazón mismo del universo!

Mi trayectoria me ha llevado a amistades como Amy. Conocí a Amy en un momento donde parecía casi imposible alcanzar mis metas. ¡Pero había una manera! Emergí con lo que llamo «determinación invencible».

Al trabajar en este libro con Amy, he tratado de usar lo que me ha sucedido para ¡animarte a seguir intentándolo! El éxito no sucede de la noche a la mañana. Requiere dedicación. No te rindas ante pensamientos desalentadores. Si no hay un modo, créalo tú mismo, un paso a la vez, poco a poco. ¡Nunca te rindas!

Wanda Díaz Merced en la Asamblea General de la Unión Astronómica Internacional en Viena, Austria. Crédito: IAU/M. Zamani.

«¡La ciencia es para todos! Le pertenece a las personas porque todos somos exploradores por naturaleza».

—Wanda Díaz Merced

Una nota de Amy

Conocí a Wanda la primera vez que vino a Maryland. Ella era una practicante asignada a la oficina de mi esposo en el Centro de Vuelo Espacial Goddard de la NASA. Tuvimos una cena festiva ese verano, y la energía de Wanda llenó la habitación.

Wanda y yo pasamos algún tiempo juntas en los veranos. Traté de escuchar los datos con los que ella trabajaba. Era asombroso. Si yo fuera a estudiar los datos de la manera en que Wanda y otros científicos lo estaban haciendo, mi cerebro necesitaría entrenamiento. Y me di cuenta de que así es como ella trabajaba. Ella entrenaba su cerebro, así como los estudiantes de primaria entrenan sus cerebros para aprender a leer y escribir.

Las coautoras Amy S. Hansen y Wanda Díaz Merced en el Centro de Vuelo Espacial Goddard de la NASA. Crédito: Robert Candey.

Nuestra familia visitó a Wanda en Puerto Rico. La visité en Escocia mientras hacía su doctorado, y nuevamente en Boston mientras hacía investigaciones en Harvard.

A comienzos de 2020, Wanda y yo nos pusimos de acuerdo para escribir un libro juntas. Hice planes para tomarme una pausa del trabajo y visitarla en Colorado. Luego, llegó la pandemia. Así que, en vez de pasar una semana intensa juntas, programamos llamadas varias veces a la semana. Continuamos así durante meses. Hablamos de nuestras familias, hablamos sobre libros que estábamos leyendo y, por supuesto, hablamos sobre su trayectoria. En algunos casos, le pedí que tratara de reconstruir lo que las personas le dijeron. Recreamos muchas frases en español para capturar mejor la escena. También leí las publicaciones de Wanda, vi sus videos y hablé con personas que trabajaron con ella.

Aunque Wanda no use una capa, ciertamente es una supermujer. Su energía y determinación no solo han superado muchos contratiempos, sino también la han llevado al éxito en su campo.

Curiosidades sobre Wanda

Cuando sabe a dónde va, camina bien rápido.

Se ríe mucho.

Quiere saberlo todo sobre todo, y su memoria es fenomenal.

¡¡Ella usa muchos signos de exclamación porque la vida es emocionante!!

Fuentes de citas

«No, ¡no voy...»: «Listen to the Stars» TEDx Talk, July 2, 2014.

«¡La ciencia es...», «Este es el sonido...», y «estallido tectónico...»: «How a Blind Astronomer Found a Way to Hear the Stars» TED Talk, July 13, 2016.

«La astronomía está respondiendo...»: UN address, February 11, 2022.

Todas las otras citas provienen de conversaciones entre Amy y Wanda.

Radio JOVE

sh sh sh SHSHSHSHSH

La atmósfera de Júpiter usualmente suena como olas que rompen en la orilla.

El programa educativo Radio JOVE de la NASA quiere que todos conozcan estos sonidos. Estudiantes y científicos ciudadanos construyen receptores y antenas con equipos. Ellos anotan sus observaciones en el sitio web.

—Todos los planetas tienen algún tipo de ondas de radio —explica el científico del proyecto, Leonard Garcia. Radio JOVE se enfoca en Júpiter porque las ondas de ese planeta son más fuertes y fáciles de oír que las de otros planetas.

La atmósfera de Júpiter tiene muchas tormentas eléctricas. Estas tormentas envían ondas de energía, incluyendo ondas de radio, al espacio. Cuando las ondas de radio llegan a la Tierra, se pueden captar por los receptores de Radio JOVE.

Cuando Wanda llegó al Centro de Vuelo Espacial Goddard de la NASA como una practicante, quiso construir un equipo de receptor de Radio JOVE ella misma.

—Fue algo extraordinario que nunca pensé que funcionaría —dijo Leonard. ¿Cómo Wanda podría manejar la soldadura sin ver ninguna de las piezas?—. Pero ella decía: «¡Oye, quiero hacerme cargo de este proyecto!». Así que averiguamos cómo hacerlo.

Leonard leía el manual de instrucciones en voz alta y pasaba las partes en el orden correcto. Wanda y cada uno de los otros practicantes construían sus propios receptores. Eventualmente, llevaron su trabajo al exterior, donde estaba una antena.

Conectando los receptores, escucharon: *shshshSHSHSHshshshSHSHSH*. ¡Oyeron a Júpiter!

Wanda pudo explorar el espacio con el equipo de radio, al igual que otros usan telescopios. Ahora, cuando Wanda viaja, lleva equipos de radio con ella para enseñarles a sus estudiantes que ellos también pueden alcanzar las estrellas.

Aprendiendo a desenvolverse

En la universidad, cuando Wanda comenzó a perder la vista, un especialista de orientación y movilidad trabajó con ella hasta que se sintiera cómoda moviéndose por sí sola. Luego, al llegar al Centro de Vuelo Espacial Goddard de la NASA, Wanda conoció a la coordinadora de discapacidad, Denna Lambert. El trabajo de Denna es asegurarse de que los empleados y los practicantes tengan lo que necesiten para tener éxito.

Wanda y Robert Candey en el Centro de Vuelo Espacial Goddard de la NASA. Crédito: NASA/ Deborah McCullum.

Wanda necesitaba herramientas. Denna le dio un transportador en braille, un mapa táctil y el papel que necesitaba para su pizarra y punzón cuando ella quería hacer matemáticas a mano. Cuando Wanda estuvo lista para caminar por el campus por su cuenta, Denna la ayudó a encontrar su camino. Empezaron por la parada del autobús, practicaron ir a la oficina de Wanda, luego a la cafetería y a la clínica de salud. Denna, quien tiene discapacidad visual, animó a Wanda a caminar con confianza.

Denna también presentó a Wanda a los otros empleados que eran ciegos o tenían una discapacidad visual. —Wanda puede hacer amistad con quien sea —dice Denna—. Traté de dejarle saber que no está sola. —Después del primer año, Wanda se unió a Denna cuando los estudiantes de la Federación Nacional de Ciegos vinieron de visita por un día. Hoy, Denna y Wanda continúan encontrando maneras de presentar a los estudiantes las estrellas.

El trayecto de Wanda como científica

1997: Wanda se matricula en la Universidad de Puerto Rico en Río Piedras. Debido a la diabetes, pierde por completo la vista mientras está en la universidad. Decide seguir estudiando, repitiendo clases hasta que obtiene su grado.

2003: Después de seis años, Wanda recibe su bachillerato en Ciencias Físicas.

2005–2010: Durante los veranos, Wanda hace internados en el Centro de Vuelo Espacial Goddard de la NASA, y trabaja en sonificación con su mentor, Robert Candey. Estudia eventos en el espacio mientras trabaja con expertos para desarrollar herramientas que se adapten a sus necesidades.

2006: El Teatro Sol y Luna en San Juan, Puerto Rico, produce una obra que usa el trabajo de sonificación de Wanda para una escena de baile.

2007: Wanda obtiene su maestría en Educación de la Universidad de Massachusetts, Boston.

2013: Wanda termina su doctorado en Ciencias de Cómputos en la Universidad de Glasgow, Reino Unido, donde estudia análisis de datos espaciales.

2013: Wanda acepta becas posdoctorales en el Centro de Astrofísica Harvard-Smithsonian en Cambridge, Massachusetts, y en el Observatorio Astronómico Sudafricano en Ciudad del Cabo. Presenta charlas por todo el mundo, a veces pidiéndole a su audiencia que cierren sus ojos para que puedan experimentar el espacio como ella.

2013: Gerhard Sonnert, un colega en el Centro de Astrofísica, publica música llamada «Star Songs», inspirada por el trabajo de Wanda.

2014: Wanda presenta su TEDx Talk, «Listen to the Stars», en la escuela secundaria Westerford en Sudáfrica.

2016: Wanda presenta su TED Talk, «How a Blind Astronomer Found a Way to Hear the Stars», en Vancouver, Canadá.

2016: Wanda es invitada a la Conferencia de Fronteras de la Casa Blanca organizada por el presidente Barack Obama en Pittsburgh, Pensilvania.

2017: La BBC nombra a Wanda en su serie de «100 Women» sobre mujeres pioneras en la ciencia. Está listada junto a la laureada con el Premio Nobel, Marie Curie.

2018–2019: Wanda trabaja para la Oficina de Desarrollo de la Astronomía de Sudáfrica. Aboga por el uso de datos multisensoriales que brindan a todos los científicos acceso a la información.

2018–2019: Wanda y sus colegas en la Unión Astronómica Internacional presentan *Inspiring Stars*, una exposición itinerante sobre proyectos de astronomía inclusiva.

2020: Las Naciones Unidas (ONU) adopta una resolución que apoya el enfoque inclusivo en las ciencias.

2022: Hablando en la ONU, Wanda dice: «La astronomía está respondiendo a la necesidad urgente de integrar todo tipo de desempeño». Confía en que esta integración tiene el poder para «atender científicamente las necesidades humanas y reescribir la historia de la humanidad».

2023: Wanda se une a la facultad de la Universidad del Sagrado Corazón en Puerto Rico.

Explora más

100 Women: Seven Trailblazing Women in Science: https://www.bbc.com/
news/science-environment-41861232
Lee sobre Wanda y otras mujeres cuyo trabajo es ampliar las fronteras
de la ciencia.

**«How a Blind Astronomer Found a Way to Hear the Stars | Wanda Díaz
Merced»:** https://www.youtube.com/watch?v=-hY9QSdaReY
Mira el TED Talk de Wanda sobre su trayecto.

«Listen to the Stars: Wanda L Díaz Merced at TEDxWesterfordHighSchool»:
http://www.youtube.com/watch?v=wbtLTCA1Qd4
Mira el TEDx Talk de Wanda para estudiantes de la escuela secundaria.

***The Mysteries of the Universe* por Will Gater (DK Children, 2020)**
Lee más sobre astrofísica, el campo de estudio de Wanda.

The Radio JOVE Project: https://radiojove.gsfc.nasa.gov/index.php
Únete al proyecto Radio JOVE de la NASA. Escucha el sol y Júpiter,
y construye tu propio kit de radiotelescopio.

Wanda Díaz Merced: The Astronomer Who Hears Stars:
https://www.beyondcurie.com/wanda-diaz-merced
Explora un proyecto de diseño que celebra a Wanda y otras mujeres
en STEM.

What Are Radio Waves?: https://www.nasa.gov/directorates/heo/scan/
communications/outreach/funfacts/what_are_radio_waves
Aprende más sobre las ondas de radio y el espectro electromagnético.

Bibliografía seleccionada

Adriaanse, Dominic. «Innovation Helps Blind Enjoy Exhibits». Independent
Online. 21 de enero de 2016. https://www.iol.co.za/capetimes/news/
innovation-helps-blind-enjoy-exhibits-1974307.

D'Antonio, Maria Rosaria, Lina Canas y Wanda Díaz Merced. «Inspiring Stars:
The IAU Inclusive World Exhibition». *Proceedings of the International
Astronomical Union* 13, no. S349 (diciembre 2018): 470–473. doi:10.1017/
s1743921319000620.

Díaz Merced, Wanda. «Sound for the Exploration of Space Physics Data».
Tesis doctoral, University of Glasgow, 2014. https://eleanor.lib.gla.ac.uk/
record=b3090263.

<———.>«The Sounds of Science». *Physics World* 24, no. 6 (junio 2011): 42–43. doi:10.1088/2058-7058/24/06/41.

<———.>«Wanda Díaz Merced at the United Nations—IDWGS2022». EGO & the Virgo Collaboration. Transmitido en vivo el 14 de febrero de 2022. Video de YouTube, 5:27. https://www.youtube.com/watch?v=Mho8uryWcsM.

Díaz Merced, Wanda y Michael Gastrow. «Astronomy and Inclusive Development: Access to Astronomy for People with Disabilities». *Proceedings of the International Astronomical Union* 14, no. A30 (agosto 2018): 596–597. doi:10.1017/s1743921319005593.

Díaz Merced, Wanda, et al. «Exploring Sound to Convey Information». Póster presentado en la 218va reunión de la Sociedad Astronómica Americana, Boston, MA, mayo 2011.

Garcia, Beatriz, Wanda Díaz Merced, Johanna Casado y Angel Cancio. «Evolving from xSonify: A New Digital Platform for Sonorization». *EPJ Web of Conferences* 200 (1 de febrero de 2019): 01013. doi:10.1051/epjconf/201920001013.

Gibney, Elizabeth. «Q&A Wanda Díaz Merced». *Nature* 577 (9 de enero de 2020): 155.

Gonzalez-Espada, Wilson Javier. «Listening to the Whispers from the Stars». Ciencia Puerto Rico. 1 de octubre de 2013. https://www.cienciapr.org/en/monthly-story/listening-whispers-stars.

Hendrix, Susan. «Summer Intern from Puerto Rico Has Sunny Perspective». NASA. Última modificación el 28 de abril de 2011. https://www.nasa.gov/centers/goddard/about/people/Wanda_Diaz-Merced.html.

Johnson, Lisa. «Blind Astrophysicist Listens to the Stars by Turning Data into Sound». CBC. 18 de febrero de 2016. https://www.cbc.ca/news/canada/british-columbia/star-sounds-wanda-diaz-merced-ted-1.3452236.

Jones, Graham y Richard Gelderman. «Listening to the Patterns of the Universe». EarthSky. 29 de noviembre de 2018. https://earthsky.org/space/space-data-into-sound-patterns-wanda-diaz-merced.

Kurtz, S., et al. «High Resolution Radio Continuum Observations of High Mass Star Formation Regions». *Symposium: International Astronomical Union* 205 (2001): 280–281. doi:10.1017/s0074180900221219.

Sonnert, Gerhard. «X-Ray to Sound: A Fortuitous Accident». Star Songs: From X-Rays to Music. 2012. https://lweb.cfa.harvard.edu/sed/projects/star_songs/pages/xraytosound.html.

A mi familia y amistades que me han ayudado tanto.—A. S. H.

¡A mi mamá, a mi hermana, a mi Puerto Rico y a mis mentores: Daisaku Ikeda, Robert Candey, Dr. Nancy Brickhouse, Professor Matthew y Dr. Katsanevas!—W. D. M.

A mi hijo, la estrella de mi vida. Ojalá siempre encuentres tu luz en la adversidad.—R. A. M.

Charlesbridge • 9 Galen Street, Watertown, MA 02472 • www.charlesbridge.com

Library of Congress Cataloging-in-Publication Data
Names: Hansen, Amy, author. | Díaz Merced, Wanda, author. | Arreola Mendoza, Rocío, illustrator. | Carrión, Gabriela (Translator), translator.
Title: Wanda oye las estrellas: una astrónoma ciega escucha al universo / Amy S. Hansen con Wanda Díaz Merced; ilustrado por Rocío Arreola Mendoza; traducido por Gabriela Carrión.
Other titles: Wanda hears the stars. Spanish
Description: Watertown, MA: Charlesbridge, [2025] | Spanish translation of Wanda hears the stars. | Includes bibliographical references. | Audience: Ages 6–9 | Audience: Grades 2–3 | Summary: "Growing up in Puerto Rico, Wanda Díaz Merced wanted to study the stars. But when she lost her sight, she had to find a new way to work. Through the use of sonification, which turns data into sound, she was able to make a path for herself and other scientists with disabilities."—Provided by publisher.
Identifiers: LCCN 2024028352 (print) | LCCN 2024028353 (ebook) | ISBN 9781623544881 (hardcover) | ISBN 9781632894304 (ebook)
Subjects: LCSH: Díaz Merced, Wanda—Juvenile literature. | Blind astronomers—Puerto Rico—Biography—Juvenile literature. | Women astronomers—Puerto Rico—Biography—Juvenile literature. | Scientists with disabilities—Puerto Rico—Biography—Juvenile literature. | Astronomy—Data processing—Juvenile literature. | Computer sound processing—Juvenile literature. | Sound in astronomy. | LCGFT: Biographies.
Classification: LCC QB36.D49 H36318 2025 (print) | LCC QB36.D49 (ebook) | DDC 520.92 [B]—dc23/eng20241118
LC record available at https://lccn.loc.gov/2024028352
LC ebook record available at https://lccn.loc.gov/2024028353

Printed in China • OPIC
(hc) 10 9 8 7 6 5 4 3 2 1

Illustrations done in digital media
Text type set in Mikado by Hannes Von Döhren
Edited by Alyssa Mito Pusey with assistance from Natalia Vázquez Torres
Designed by Diane M. Earley
Production supervised by Nicole Turner